TRAITÉ PRATIQUE

D'AGRICULTURE

spécialement destiné à la Tarentaise

PUBLIÉ

PAR LE COMICE AGRICOLE

DE

L'ARRONDISSEMENT DE MOUTIERS

(Savoie)

MOUTIERS

TYPOGRAPHIE F. DUCLOZ, FILS

1882

TRAITÉ PRATIQUE

D'AGRICULTURE

spécialement destiné à la Tarentaise

PUBLIÉ

PAR LE COMICE AGRICOLE

DE

L'ARRONDISSEMENT DE MOUTIERS

(Savoie)

MOUTIERS
TYPOGRAPHIE F. DUCLOZ, FILS
1882

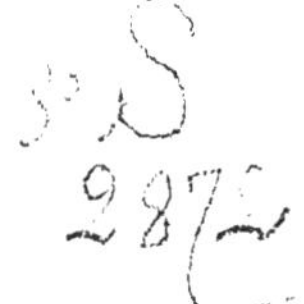

TRAITÉ PRATIQUE

D'AGRICULTURE

spécialement destiné à la Tarentaise

CHAPITRE Ier

D'UNE EXPLOITATION RURALE EN GÉNÉRAL.
DE LA CONSTRUCTION ET DE LA TENUE D'UNE FERME.
DES ENGRAIS. DES ASSOLEMENTS. DES DÉFRICHEMENTS.

Il est rare que nos petits propriétaires puissent établir leur exploitation à leur gré. Ils ont hérité ou acquis les bâtiments et sont forcés de les utiliser tels qu'ils sont. Ils ont hérité de même ou acquièrent peu à peu, selon leurs ressources et les occasions, les terres destinées aux cultures ou à l'élève du bétail. Il serait donc inutile de leur offrir une sorte de plan de ferme modèle, puisqu'ils ne pourraient s'y conformer. Il le serait presque autant de leur indiquer théoriquement de quelle nature doivent être les terres dépendant du domaine rural et dans quelle proportion il est bon qu'elles se trouvent entre elles. A cet égard, de grandes différences résultent nécessairement de la situation et de l'étendue de l'exploitation, ainsi que du genre de produits que le pays comporte.

En règle générale, on peut dire, quant au bâtiment de ferme, qu'il doit être proprement tenu, que le couvert doit en être soigneusement réparé, que les écuries et étables doivent être assez vastes pour que le bétail ne soit pas entassé, sans cependant l'exposer à souffrir du froid pendant l'hiver. — Eviter l'humidité avant toute chose, ainsi que le séjour du purin dans l'écurie. Avoir un sol de terre glaise bien battue ou de dalles bien jointes, ou mieux encore un plancher qu'on inclinera vers une rigole d'écoulement. Balayer celle-ci souvent. Ne jamais entasser le fumier dans l'écurie, ni même dans son voisinage immédiat. Renouveler l'air de l'écurie autant qu'on peut le faire sans exposer les animaux à prendre froid. Ne pas craindre la lumière : c'est un élément de santé pour les bêtes aussi bien que pour les gens. Avoir soin seulement que les fenêtres ferment bien et avec facilité. Etablir des séparations dans la crèche pour faire à chaque animal sa place distincte.

En dehors du bâtiment, le cultivateur devra donner une attention toute particulière à ses engrais. L'engrais est nécessaire pour rendre à la terre sa fertilité, qui s'épuiserait par la production. Savoir l'augmenter, le conserver et l'employer avec intelligence fait en grande partie l'art du bon agriculteur. Tout d'abord, on ne devra pas épargner sa peine à retourner souvent la litière dans l'étable; puis, il faudra la placer soigneusement dans des fosses à mesure qu'elle commencera à être bien pénétrée des excréments et du purin. Dans les temps de sécheresse, il faut arroser le fumier soit avec du purin, soit même avec de l'eau, pour qu'il ne s'échauffe pas trop. Si on ne pouvait l'empêcher de s'échauffer, le sortir promptement des fosses et le disposer, à l'abri du soleil, en tas carrés qu'on recouvrira de terre. Autour de ces tas, faire des fossés et combler ceux-ci avec de la terre, à mesure que le dégoût du fumier viendra les remplir. Cette terre, mélangée au fumier, fera elle-même un très bon engrais.

Il faut se dire que toutes les parties d'engrais qui pénètrent dans le sol avant d'être transportées dans le champ et toutes celles qui se répandent dans l'air, sont une perte pour le cultivateur. Aussi conseillons-nous d'avoir des fosses bien étanches, c'est-à-dire ne laissant rien échapper de leur contenu, et de recouvrir les tas avec de la terre. En effet, on ignore trop généralement que l'odeur infecte du fumier n'est elle même qu'un principe fertilisant (gaz ammoniacal) et que l'absence de ce principe rend l'engrais moins actif.

De même, le fumier une fois répandu sur le sol de culture, il faut se hâter de l'enterrer par un labour, avant qu'il ne s'*évente*.

Le meilleur fumier est celui du mouton. Pour employer celui du cheval ou du mulet d'une manière utile aux terres de notre pays, il est bon de le mélanger avec celui des bêtes à cornes, en les disposant par lits successifs.

L'écoulement des étables, des lavoirs, des cours et même des chemins fréquentés par le bétail peut et doit être utilisé. On le recueille dans des fosses où on jette aussi tous les débris végétaux qui ne peuvent être utilisés comme litière.

Les cendres non-lessivées peuvent être employées utilement sur les légumes et les pommes de terre. Le mieux est encore de les mélanger avec le fumier. Les cendres ayant servi à la lessive ne doivent être étendues que sur les prairies naturelles ou artificielles, en ayant soin encore de les bien disperser. Les cendres de houille ou d'autres charbons de terre tuent la végétation. On ne les emploiera donc pas, à moins qu'on ne les répande dans les chemins du jardin et en général partout où on veut empêcher l'herbe de pousser.

Nous ne disons rien des engrais chimiques, qui peuvent être d'une extrême utilité mais qui exigent beaucoup de précautions dans leur emploi et dont le petit propriétaire pourra presque toujours se passer, s'il sait utiliser les engrais naturels. Seulement, lorsqu'on a des terres où il est impossible, à cause de l'éloignement ou de la situation, de transporter du fumier et qui restent stériles pour cette raison, on fera bien d'y faire l'essai des engrais chimiques, qui ont plus de puissance sous un moindre volume.

Fumer ses terres ne suffirait pas, si on n'avait la précaution de ménager leurs forces productives par un bon assolement.

L'assolement est la succession raisonnée des diverses cultures sur un même sol. Chaque plante prend à la terre certains sucs nourriciers dont elle a spécialement besoin et souvent elle l'épuise de ces sucs de telle sorte que la même plante, au même endroit, ne donnerait plus qu'une récolte médiocre l'année suivante et n'en donnerait peut-être plus du tout la troisième (le chanvre, par exemple).

Ces sucs se reforment dans le sol par l'action de l'air et des pluies et par la décomposition du sol lui-même; mais il y faut du temps. Aussi peut-on dire, en règle générale, qu'il faut varier les cultures autant que possible. Du reste, en combinant intelligemment la succession des récoltes, on économise souvent la main d'œuvre, particulièrement des labours.

Mais il est difficile de poser à cet égard des règles précises. Ici encore l'étendue du domaine, la variété plus ou moins grande des cultures que le pays comporte, entraînent des différences considérables.

Nous dirons seulement que le meilleur « roulement, » quand on peut le réaliser, est le suivant : Une année ou deux de blé ou d'autres grains; une année de cultures sarclées (pois, fèves, légumes ou pommes de terre); puis des fourrages artificiels.

Pour ces derniers, si on a choisi le trèfle, il est excellent de le retourner après la première coupe. Cela fait un très bon engrais pour la récolte de grains qui viendra après.

L'avoine coupée en fourrage, outre qu'elle épuise

peu la terre, prépare aussi très-bien la récolte de céréales. Elle a l'avantage de faire périr toutes les mauvaises herbes, sans laisser de graine après elle. Il en est de même des PESETTES (vesces).

Un bon cultivateur ne s'occupera pas seulement d'augmenter la production de ces champs en culture par des engrais et par un assolement régulier, il songera aussi à tirer un produit de ces coins de terre absolument stériles qui se trouvent, en plus ou moins grande proportion, dans tout domaine rural. Nous arrivons ainsi à parler des défrichements.

Les défrichements, dans notre pays, ne peuvent guère être que de deux espèces. Ou bien il s'agit de terrains vagues, laissés à l'état de pâturage et presque improductifs, qu'on pourrait changer en bonne terre ou en bonne prairie en les labourant profondément, en même temps qu'on les purgerait des pierres ou des cailloux auxquels ils doivent leur stérilité. Le défrichement est alors un simple *défoncement.*

C'est une des opérations qu'il faut le plus recommander à nos cultivateurs. Le travail se fait aux moments de loisir; il ne coûte en quelque sorte rien, du moment qu'il n'y faut pas employer de salaires et qu'il ne gêne pas les autres occupations des champs. On y trouve le moyen d'agrandir ses propriétés sans toucher à ses bénéfices et souvent tel maigre pâquis, telle ancienne prairie épuisée, une fois bien et courageusement défoncés, deviendront une des meilleures dépondances de l'exploitation.

L'autre espèce de défrichement qui peut être pratiquée dans notre pays, consiste à débarrasser les prés, les champs ou les vignes des rocs qui en percent la surface, des *murgers* qui les encombrent, des broussailles qui les bordent. Ici le résultat sera moins brillant. Il ne s'agit que de petits coins de terre à gagner, mais, en agriculture comme en industrie, il ne faut pas négliger les petits profits. Pourquoi se léguer d'une génération à l'autre ce roc qu'il faut contourner avec la faux et qui dépare la propriété, lorsque quelques coups de mine en débarrasseraient? Pourquoi souffrir ces broussailles qui prennent de la place et qui, de plus, fournissent le champ de mauvaise herbe? Quant aux « murgers, » c'est une autre affaire. Ils sont souvent trop considérables pour qu'il y ait profit à les enlever, à cause des nombreux charrois qu'ils occasionneraient. Attaquez d'abord les petits; employez leurs pierres à élever des murs de cloture, si vous n'avez pas d'endroit voisin où vous puissiez les déposer. Ou encore, dans les terrains fortement en pente, faites-en des murs de soutènement pour étager votre propriété. Ensuite vous essaierez du même système pour ceux qui sont un peu plus volumineux; peut-être, le courage vous venant à mesure, tous y passeront-ils.

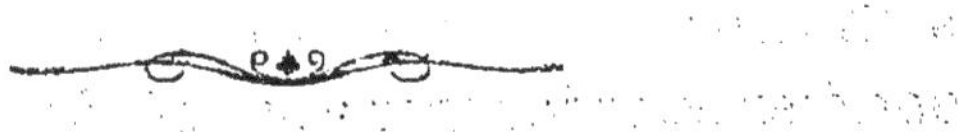

CHAPITRE II

DE LA CULTURE DES CÉRÉALES.

Les céréales ne sont pas la principale culture de notre pays, adonné spécialement au pâturage. Néanmoins, elles méritent une étude sérieuse.

Deux choses sont à considérer avant que le grain soit confié à la terre : les labours et l'engrais.

Les labours doivent être aussi nombreux que possible; il est particulièrement bon, quand le grain doit être semé sur une terre qui vient d'en produire, d'enterrer, après la moisson, le chaume avec la charrue pour empêcher les mauvaises herbes de grainer et de se reproduire. Ce chaume enterré sert d'engrais.

Les autres labours ont seulement pour objet d'ameublir la terre et de ramener à la surface les couches idférieures pour que toutes successivement subissent l'action de l'air et qu'elles se mêlent convenablement entre elles. Le premier labour doit être toujours plus profond que les suivants et, en général, il faut remuer plus à fond les terres fortes (argileuses) que les terres légères (sablonneuses ou graveleuses).

Les terres fortes se labourent plutôt par un temps sec, les légères par un temps un peu humide. Profiter des labours pour enterrer les engrais, qui devront être étendus seulement la veille ou le jour même.

Le choix d'une charrue est un objet important, car toutes ne conviennent pas à tous les sols. Il est essentiel, en tout cas, qu'elles soient aussi légères que possible, pour que l'attelage ne traîne pas de poids inutile. A cet égard, on a fait de grands progrès chez nous dans les dernières années.

La flèche (ou perche) ne doit pas être très longue, mais assez forte pour ne pas plier pendant le labour. Avoir soin que le coutre descende bien au fond du sillon qu'on veut creuser ; avec le soc, il doit détacher complètement la bande de terre, de telle sorte que les oreilles n'aient plus qu'à la retourner, sans effort pour l'arracher. Les oreilles elles-mêmes seront de telle forme que non seulement elles retournent la terre entièrement, mais l'émiettent. Le soc plutôt tranchant convient dans les terres fortes; plutôt aigu, il va mieux dans les sols légers. La charrue où tous ces éléments sont bien combinés laisse derrière elle un sillon net et propre.

Nous ne reparlerons pas ici des engrais, ce sujet ayant été traité. Nous dirons seulement qu'il n'y a jamais de perte à fumer, mais que, même en cela, il faut éviter certains excès, pour empêcher que la moisson vienne à se coucher. Il vaut mieux fumer chaque année et raisonnablement que rarement et trop à la fois. Du reste, l'excès n'est pas ce qu'il faut reprocher d'habitude à nos paysans.

Après avoir fumé et labouré, il reste à semer. On mettra de préférence le froment dans les terres fortes et le seigle ou le méteil (mélange des deux) dans les terres légères.

Quel que soit le grain, du reste, le premier conseil à donner, c'est de ne pas mettre trop de semence. Les récoltes se couchent presque toujours parce qu'on a semé trop épais. Dans ce cas, les tiges, trop nombreuses pour l'espace, sont forcément faibles; elles s'allongent outre mesure pour arriver à l'air et à la lumière; le soleil ne les enveloppe pas assez pour leur donner vigueur; aussi fléchissent-elles d'une manière irréparable sous la pluie ou le vent; elles donnent, en définitive, plus de paille que de grain.

Au contraire, en semant moins serré (3 kilos 1/2 par are environ, un peu moins pour le froment pur) on obtient des tiges drues, des épis fournis et, en définitive, plus de récolte.

Après avoir semé, il faut passer la herse en fer, à moins qu'on ne préfère enterrer la semence par un labour superficiel.

La récolte doit se faire avant que la paille soit complètement sèche par le pied. Le blé trop mûr s'égrène et se perd sur le champ. La maturité s'achève suffisamment dans le tas Cependant, il faut laisser un peu plus longtemps sur pied le grain destiné à la semence et attendre, pour celui-là, que les épis se recourbent vers la terre.

Lorsque le temps est beau, mettre le soir toute la moisson de la journée en bottes et l'enlever le lendemain matin, sans s'inquiéter si la rosée est entièrement dissipée, — à moins toutefois qu'il n'y ait beaucoup d'herbe mêlée à la paille. Les gerbes sècheront dans le tas. Si on lie et charge pendant la chaleur du jour, le grain se détache trop facilement; il se perd sur le sol ou en route.

Dans beaucoup de pays on fait les gerbes plus grosses que chez nous et on ne les attache qu'à un lien. Notre méthode a ses avantages; mais elle augmente la main d'œuvre et fait perdre plus de grain.

Si le temps est pluvieux, il vaut mieux faire les bottes à mesure qu'on moissonne et les dresser en faisceaux. Le grain n'a pas à craindre de germer, comme il ferait sur le sol, et le premier moment de beau sèchera tout.

Il faut choisir avec soin, parmi toute la récolte, la semence de l'année suivante. Rouvrir les gerbes dans la grange; trier les mauvaises herbes et même les épis mal venus. Battre au fléau et seulement à moitié, pour n'avoir que les meilleurs grains; le reste sera extrait plus tard. Et si, avec ces précautions, on n'obtient pas une semence de belle couleur, de grosseur égale et sans mélange de graines étrangères, il vaut mieux la rejeter dans le tas et en acheter d'autre, qui remplisse ces conditions. Le premier point, pour réussir la récolte suivante, c'est d'avoir une bonne semence.

Surtout, *gardez-vous de semer du blé niellé.*

CHAPITRE III

DE LA CULTURE DE LA VIGNE ET DES ARBRES FRUITIERS.

La culture de la vigne exige plus de soin que toute autre et c'est, dans notre pays, celle qui rapporte le plus. Nous conseillerions de mettre en vigne toutes les terres qui s'y prêtent, si ce n'était la crainte du phylloxera, qui est déjà tout près de nous.

La première chose, pour avoir une belle vigne, est de choisir un plant approprié au sol. On peut recommander dans nos climats la gouche pour les terres légères; l'hiverné pour les terres fortes et la douce-noire ou le plant-noir, comme mélange, partout.

Il convient de couper les sarments destinés à la plantation sur les ceps les plus vigoureux. Dans nos pays, on ne doit jamais manquer de prendre, avec le sarment d'un an, un bout ou « crochet » de bois de deux ans.

Planter aussitôt après la coupe des sarments : c'est la meilleure méthode sous notre climat. Le moment le plus favorable pour cette double opération est le courant d'avril.

Les fosses auront au moins 50 centimètres de profondeur et une largeur variable selon le sol, de

60 centimètres à 1 mètre, davantage dans les bons terrains, moins dans les autres.

Au fond de la fosse, répandre 10 centimètres de terre bien ameublie, puis ranger les sarments, en observant entre eux une distance à peu près égale à celle des lignes entre elles. Plus d'espacement donneun meilleur vin; mais trop nuirait à la quantité. Recouvrir de terre jusqu'à environ 20 centimètres seulement, avec beaucoup de précaution, en émiettant bien et en se gardant d'endommager les plants. Quelques viticulteurs, pour préserver la plantation de la sècheresse, enfoncent le bout des sarments dans une rave ou une pomme de terre ou bien l'entourent d'une poignée de cendres lessivées. On peut recommander cette pratique.

Si la plantation se compose de diverses espèces, les séparer soigneusement par lignes.

Quand les ceps auront poussé des jets de 30 à 40 centimètres, il faut en pincer le bout. Faire de même la seconde année et, en outre, ébourgeonner ne ne laissant que deux boutons par plant.

Biner souvent dans les deux premières années, la première fois par un temps sec, les autres par une terre plutôt fraîche. Renouveler ces binages aussi souvent que les herbes poussent ou que la terre se serre en croûte trop dure.

La seconde année, remplacer tous les plants qui n'auraient pas repris la première, et donner les mêmes façons.

A la troisième, faire un binage profond au printemps et deux légers ensuite. Achever de rempl r les fosses. Selon l'année, on aura peut-être déjà une récolte. A partir de ce moment, fumer ferme.

Chaque année, lors du premier binage, enlever toutes les petites racines qui croissent entre deux terres, c'est-à-dire de 10 à 15 centimètres de profondeur, de peur que ces racines, trop peu couvertes de terre, forment de nouvelles tiges au préjudice du véritable cep.

Dès la 10e année dans les sols graveleux, et un peu plus tard dans les autres, commencer à *provigner* (un dixième environ des plants chaque année) pour empêcher la vigne de vieillir à l'excès et la maintenir toujours en bon rapport. Le provignage peut se faire en novembre, afin de gagner du temps pour l'année suivante. Choisir un temps doux, opérer par une terre sèche. Courber les sarments avec précaution, sans angles ni coudes, et éviter de les redresser brusquement contre l'échalas. Le creux doit être assez profond pour que la *couchée* ne soit jamais atteinte par les outils. Un même cep ne peut fournir que deux provins, trois au plus. Ne laisser passer hors de terre que deux ou trois boutons; enfin traiter le provin entièrement comme un nouveau plant. Combler le creux avec de la terre mêlée d'engrais.

Disons à ce propos que le meilleur fumier pour la vigne est celui des bêtes à cornes bien consumé. Si celui de brebis était plus abondant, il faudrait aussi le recommander.

La taille de la vigne est bien plus difficile qu'on ne se le figure généralement. Elle a un triple but : 1° Donner au raisin, pour le soutenir, un bois plus fort; 2° Rapprocher le raisin du sol et du pied, pour qu'il mûrisse plus vite; 3° Empêcher que la vigne s'épuise en produisant trop de fruit. Ce triple but doit diriger l'opération.

D'abord, elle doit se faire avant la sève montante, pour que la cicatrice, déjà en voie de guérison, laisse moins couler la sève. Commencer par les vignes les plus faibles, qui ont moins de forces à perdre. Tailler dans les terres légères plus tôt que dans les bas-fonds et dans les terres humides. Ne pas couper trop près du bouton. Faire la taille en biseau (sifflet), la tranche étant du côté opposé au bouton.

Pour la vigne basse, ne laisser que deux boutons, trois au plus à chaque sarment. Dès que les grappes sont visibles, « épamprer, » c'est-à-dire enlever tout ce qui a poussé sur le vieux bois et tous les petits rameaux qui sortent à côté des yeux.

Pour la vigne haute (espalier, treille, hautain) raccourcir autant que possible le vieux bois et couper vers le cinquième bouton le bois d'un an (courson) qu'on veut garder comme branche à fruit, en laissant, toutes les fois qu'il se peut, au-dessous de ce courson, une « corne » destinée à fournir, l'année suivante, la branche à fruit.

Il est essentiel de savoir que tout sarment dirigé en haut a une tendance à donner plutôt du bois et tout sarment dirigé horizontalement (c'est-à-dire dans le sens du sol), ou même vers le bas, une tendance à porter plutôt du fruit. Par conséquent, dans toutes les vignes hautes, il faut, aussitôt après la taille, attacher les coursons dans la position horizontale.

En fin mai, épamprer comme pour les vignes basses. En juin, couper le bout des sarments porteurs de fruit à la deuxième feuille après la dernière grappe. Ne pratiquer cependant cette dernière opération que sur les sarments vigoureux.

A propos des hautains (ou *hutains)* nous ne pouvons que recommander ce mode de culture partout où le sol peut porter une double récolte. On y recourra surtout sur la lisière des champs ou au bord des chemins. Cette double production épuise moins le sol qu'on ne pourrait le croire et, quand l'une manque, l'autre en profite généralement, ce qui établit un équilibre.

Mais, comme la vigne n'est cultivée que dans la moitié de notre arrondissement, nous ne voudrions pas donner ici trop d'étendue à ce qui la concerne. Nous formulons encore ce seul conseil, que nous recommandons d'une manière toute spéciale à nos lecteurs :

Ne laissez pas envahir votre vigne par le chiendent.

Un jour, vous ne pourriez plus vous débarrasser de ce fléau qu'en arrachant la vigne elle-même ; et, pour réparer une saison de négligence, vous perdriez plusieurs années de produit.

La culture des arbres à fruit est malheureusement impraticable dans plusieurs communes de notre arrondissement à cause de l'exposition trop froide ou du vent trop fort. Nous croyons cependant qu'on la néglige dans plus d'un endroit où elle réussirait.

Si on est obligé d'acheter ses plants, il faut choisir de préférence ceux qui ont l'écorce nette et luisante, dont les jets de l'année sont longs et vigoureux, les racines de bonne grosseur proportionnellement à la plante et surtout la tige droite.

Avant de planter, il est nécessaire de couper les racines les plus vieilles et de raccourcir les autres. Ne laisser que 2 mètres de tige au plus pour les arbres hauts et 40 centimètres pour les arbres nains. Planter avec précaution, en ayant soin de bien émietter la terre, de ne pas laisser de vide autour des racines et de faire le creux assez profond pour que les plus hautes n'aient pas à craindre les atteintes de la bèche ou du bident. Dans les terres légères, il est bon de faire une petite butte autour de l'arbre pour le préserver de la sécheresse, sauf à défaire cette butte plus tard.

Pour soutenir l'arbre, planter un tuteur, ou encore deux pieux, un de chaque côté, à un pied et demi de distance de l'arbre. Celui-ci est, dans ce cas, soutenu par un lien doublement croisé qui se relie aux pieux. De toute façon, l'arbre doit être protégé contre le frottement, à l'endroit de la ligature, par un chiffon ou une poignée de paille.

La plantation peut se faire du commencement de novembre à la fin de mars.

Ne plantez pas les arbres trop serrés, particulièrement dans les bonnes terres, à moins que vous ne désiriez avoir des fruits de qualité médiocre, dont la moitié ne mûrirait pas. Pour les arbres à haute tige, ne pas rapprocher de plus de 12 mètres.

La greffe se fait de la fin de février jusqu'au

commencement d'avril. Donner les règles de cette opération et ses différents modes nous entraînerait trop loin.

Pour les arbres de jardin, la taille est presque aussi importante que pour la vigne et exige encore plus d'attention. D'abord, c'est grâce à elle que l'arbre prend une forme agréable à l'œil et favorable à la maturité du fruit. Les formes les plus usitées et les plus recommandables sont : la pyramide (ou quenouille), le gobelet et l'éventail. La première est la plus simple, elle exige moins de soins; la seconde serait la meilleure, si le gobelet était toujours régulier, bien ouvert dans le milieu et garni sur toute sa rondeur. La troisième, celle en éventail, s'applique presque uniquement aux espaliers.

La taille des arbres a aussi pour but, comme celle de la vigne, d'augmenter la production du fruit aux dépens du bois. Mais les principes qui doivent la diriger sont plus compliqués. Il ne faut conserver que les pousses sorties des branches que l'on a raccourcies l'année précédente; toutes les autres (ce qu'on appelle le faux-bois) doivent être enlevées. Parmi celles que l'on conserve, les petites porteront le fruit; il est bon de les laisser assez longues (30 centimètres environ). Les grosses ne feront que du bois; on les taillera plus court (15 à 20 centimètres); mais il est nécessaire d'en conserver assez pour produire l'année suivante des branches à fruit. En effet, celles-ci, une fois leur devoir rempli, périssent et, si on n'a préparé leur remplacement, on perdra une récolte.

La taille peut se faire depuis la chute des feuilles

jusqu'à la pousse des suivantes. Le « palissage » des espaliers (qui consiste à attacher leurs branches) se fera de préférence à la fin de mars ou au commencement d'avril.

Les arbres en plein vent n'exigent pas tant de soins ou plutôt ne s'y prêtent pas. Dès qu'on leur a fait prendre une forme générale satisfaisante, on ne les taille plus que pour en enlever le bois mort.

CHAPITRE IV

DES PRAIRIES NATURELLES ET ARTIFICIELLES; DE LEUR UTILISATION, ET DE LEUR CONSERVATION, DES IRRIGATIONS.

Les prairies naturelles peuvent se diviser dans notre pays en prairies proprement dites ou *prés* et pâturages alpestres ou *montagnes*. Les premiers sont spécialement destinés à être fauchés, c'est-à-dire à nourrir le bétail pendant l'*hiverne;* l'herbe des seconds est, en général, mangée sur place pendant l'*inalpage*.

Parmi les PRÉS, ceux qui sont plats et situés dans le fond des vallées, donnent un fourrage plus abondant, mais moins nutritif et moins favorable au point de vue de la production du lait. La différence, à cet égard, est d'un bon quart.

Quelle que soit, du reste, la situation d'un pré, nous recommandons vivement de le faucher dès que la majorité des herbes qui y croissent est en fleur. A partir de ce moment, les tiges commencent à se dessécher et les feuilles à perdre leur substance nutritive. La nature reporte tout son effort sur la formation de la graine et le reste dépérit. Il est vrai que nos cultivateurs pensent, en retardant la fauchaison, obtenir un semis qui renouvelle le gazon. C'est une erreur. Il est impossible d'attendre la maturité complète de la graine et on a, en définitive, un foin très-inférieur en qualité et une graine trop peu mûre pour venir à bien. Arrosez vos prés : le gazon se renouvellera suffisamment de lui-même.

En général, dans les communes où le « ban de fauchaison » a été conservé, ce ban est publié trop tard et l'ensemble des habitants en souffre. Le fourrage coupé à point, c'est-à-dire avant que les fleurs soient flétries, a une senteur plus grande et garde, en séchant, une plus belle couleur verte, preuve de la vigueur plus grande qu'il a conservée.

Les MONTAGNES n'étant pas sujettes à culture, nous n'avons pas à nous en occuper ici. Nous recommandons seulement d'étendre toujours l'engrais et de le répartir aussi également que possible sur toute la surface en réglant avec soin le parquage (les pachenées).

Les prés et même les parties de montagne qui s'y prêtent doivent être arrosés. Sans arrosage, on n'obtient qu'un rendement médiocre et la prairie est promptement épuisée. On peut même dire que, en général, on ne devrait pas laisser en prairie naturelle un seul terrain qu'il ne soit pas possible d'arroser. Ce terrain-là rapporterait plus en champ ou en prairie artificielle.

Les eaux ne sont pas toutes bonnes pour l'arrosage ; la pratique enseigne celles qui peuvent être employées utilement. Il faut écarter surtout les tufeuses quand on en a d'autres à sa disposition. Les eaux trop froides nuisent à la végétation ; celles qui sont tout à fait pures, telles que, par exemple, celles qui proviennent directement de la fonte des neiges, ont une action peu fertilisante; les meilleures sont les eaux chargées de limon et, parmi celles-ci, celles qui découlent des terres en culture ou qui ont parcouru des chemins fréquentés par le bétail.

Mais il ne faut pas perdre de vue que les irrigations ont un double but : entretenir l'humidité nécessaire à la croissance des plantes, et apporter du dehors des principes fertilisants. Lorsque ces deux effets peuvent être réunis, cela vaut mieux; lorsque le premier seul peut être obtenu, il faut bien s'en contenter.

L'arrosage exige surtout un système bien combiné de rigoles. Tâchez de faire arriver l'eau au point le plus élevé de la prairie. Etablissez une rigole principale, deux s'il le faut, descendant de là jusqu'à la partie la plus basse du terrain, en suivant de préférence la crête des ondulations. De cette ou de ces rigoles principales, on détache des rigoles secondaires étagées l'une au-dessous de l'autre, peu profondes et à pente très-faible, de manière qu'elles déversent facilement leur contenu sur tout leur parcours. Pour y mettre l'eau, on établira dans la rigole principale, à l'endroit où elles s'en détachent, une prise formée d'un obstacle quelconque, par exemple d'une planchette retenue par des piquets ou d'une feuille de tôle (ce qu'on appelle vulgairement une *tourne*). Les prises d'eau et l'inclinaison des rigoles secondaires doivent être réglées de telle sorte que le trop plein de celles-ci se répande sur tout le pré, sans laisser aucune place à sec.

Pour donner aux rigoles la pente convenable, nos paysans ont l'habitude d'y mettre l'eau en les ouvrant et de creuser ensuite à tâtons, un peu plus haut, un peu plus bas, en ayant soin seulement que l'eau suive l'outil. C'est l'enfance de l'art et, dans quelques provinces françaises, on emploie la méthode suivante, bien préférable, qui avait déjà été recommandée en Savoie par M. le marquis Costa dans son *Traité d'Agriculture* de 1774.

Le premier point est de savoir la pente qu'on veut donner. Elle varie un peu selon la quantité d'eau qui doit courir dans la rigole (moins de pente avec plus d'eau) et selon le terrain. Admettons la pente d'un demi-centimètre par mètre.

Prenez une latte bien droite ou une règle de 3 ou 4 mètres. A l'un des bouts, en dessous, vous clouez une planchette ou *cale* ayant en épaisseur autant de fois un demi-centimètre que la règle a de fois un mètre de longueur (1 centimètre 1/2 pour 3 mètres; 2 centimètres pour 4 mètres). Posée sur un sol bien horizontal, cette règle présentera justement l'inclinaison que vous voulez donner à vos rigoles. Procurez-vous ensuite un « niveau » triangulaire, cet instrument si connu des charpentiers et des maçons, et allez sur le terrain.

A chaque endroit de la rigole principale d'où vous voulez faire partir une rigole secondaire, posez le bout sans cale de votre règle, et maintenez-l'y fixe. Ensuite faites glisser l'autre bout sur le gazon, un peu plus haut, un peu plus bas, jusqu'à ce que le niveau, placé sur la règle, accuse une situation bien horizontale, c'est-à-dire jusqu'à ce que la cordelette de l'instrument couvre l'encoche ou entaille pratiquée sur la traverse. Alors plantez un jalon au bout de la règle, du côté de la cale.

Recommencez la même opération, en partant cette fois du jalon et non plus de la prise d'eau. Et quand vous aurez trouvé l'horizontale, plantez un nouveau jalon au bout de la règle. Ce deuxième jalon vous servira de point de départ pour une troisième opération, et ainsi de suite. Bientôt votre rigole sera toute jalonnée et vous n'aurez qu'à l'ouvrir en suivant l'alignement marqué. Elle ne sera pas droite (à moins que votre pré ne soit tout-à-fait uni) mais elle suivra *avec une pente uniforme* toutes les ondulations du terrain.

Il y a encore une simplification à apporter à cette méthode. Si vous êtes adroit, vous pouvez confectionner vous-même votre niveau et l'attacher à la règle de manière à n'en former qu'un seul instrument. Pour cela, fixez par un bout sur le bord de la règle deux petites lattes égales, longues de 30 à 40 centimètres, en les plaçant à une distance entre elles pareille à leur longueur. Ramenez l'une contre l'autre leurs deux extrémités libres et clouez-les ensemble. A l'endroit où elles se rejoignent, attachez un cordon; au bout du cordon, un peu plus bas que la règle, un petit poids. Mesurez exactement sur la règle le milieu de l'espace compris entre les bouts inférieurs des deux lattes. Faites une encoche à ce point. — Vous avez votre niveau!

Seulement, dans ce cas, il est bon de mettre deux cales à la règle, une à chaque bout, pour laisser le jeu libre au poids, qui sans cela toucherait le sol. Mais l'une des cales devra être plus épaisse que l'autre exactement de la quantité correspondant à la pente cherchée.

Une fois votre système de rigoles établi, observez les règles suivantes : N'arrosez pas avant que les gelées blanches soient passées. Dans les fortes chaleurs, si vous le pouvez, suspendez l'arrosage durant le milieu du jour. Si c'était praticable, il vaudrait mieux mettre l'eau le soir et l'ôter le matin. Cessez l'arrosage quand l'herbe commence à fleurir, c'est-à-dire quelques jours avant la fauchaison.

Et surtout, persuadez-vous bien que l'arrosage est le véritable engrais des prairies naturelles.

Passons aux prairies artificielles. — Celles-ci sont actuellement en grand nombre dans notre arrondissement et on apprécie les services qu'elles rendent.

Elles ont été un grand progrès pour le pays et ont considérablement accru sa richesse en lui permettant d'hiverner plus de bétail. Aujourd'hui encore, on pourrait les étendre davantage et ne conserver de prairies naturelles que : 1° celles qui peuvent être arrosées ; 2° celles qui sont garnies d'arbres fruitiers.

Les fourrages artificiels qui conviennent le mieux à notre pays sont le trèfle, la luzerne et le sainfoin (autrement dit l'esparcette ou herbe rouge).

Le trèfle, ainsi que nous l'avons dit, alternera avec les autres cultures dans un assolement régulier.

La luzerne au contraire est à demeure. Elle demande l'exposition au midi, avec une terre riche et profonde.

L'esparcette se contente des terres légères et même graveleuses, pourvu qu'elles soient profondes.

C'est la luzerne qui demande le plus d'attention et dont la culture offre le plus d'intérêt.

Chez nous une luzernière dure environ quinze ans dans les terres basses exposées au midi et seulement une dizaine d'années dans les terres élevées ou mal exposées. Mais on peut prolonger son existence en la fumant tous les trois ou quatre ans avec du terreau (terre mêlée de fumier bien consumé). Et, lorsqu'elle commence à vieillir, c'est-à-dire quand les tiges jaunissent après la seconde coupe, on peut lui donner une nouvelle jeunesse et la remettre en bon rapport pour quelques années par le procédé suivant :

Passez au printemps sur toute votre luzernière et dans les deux sens, une herse en fer à dents tranchantes, lourdement chargée et trainée par trois ou quatre chevaux. Cette opération, bien loin de lui nuire, renouvelle la plante en la divisant et en créant de nouveaux pieds. Seulement, il faut fumer largement au terreau pendant l'hiver qui précède le hersage, pour donner à la luzerne la force de subir cette transformation.

Mais, avant de périr de vieillesse, la luzernière est exposée aux atteintes d'un terrible fléau ! la cuscute.

La *cuscute* est une plante parasite connue sous différents noms : barbe de capucin, blondeau ou blondin, cheveux de Vénus, cheveux du diable, tignasse, etc. Sa graine, est très-petite, ronde, enveloppée d'une tunique très-dure et d'un brun jaunâtre. Il en sort une herbe étrange, composée seulement de fils minces, sans feuilles. Ces fils s'accrochent aux plantes voisines, s'y fixent et y enfoncent des suçoirs avec lesquels ils en absorbent la sève. A partir de ce moment, la cuscute ne tire plus sa nourriture du sol; elle la prend toute aux dépens de sa victime, qui s'étiole et finit par périr épuisée. C'est surtout au trèfle et à la luzerne que la cuscute s'attaque et plus particulièrement encore à cette dernière.

Bientôt on voit des taches jaunes, puis des vides se produire dans la luzernière.

Et, en dehors des taches, on trouve toujours une lisière d'un ou deux mètres infestée de cuscute, mais où le mal, plus récent, n'a pas encore fait jaunir la plante.

La cuscute se multiplie avec une telle rapidité que quelques semences ou tiges suffisent pour envahir bientôt tout un champ. Les graines, grâce à leur épaisse enveloppe, résistent aux chances ordinaires de destruction, elles séjournent dans le fumier sans se corrompre; mangées par les animaux, elles traversent leurs organes digestifs parfaitement intactes, de sorte que les engrais même peuvent les propager. Enfoncées profondément dans le sol et ramenées à la surface au bout de quelques années par des labours profonds, elles germent merveilleusement. Les fragments de tige eux-mêmes s'enracinent avec une déplorable facilité. Malheur au cultivateur qui a brûlé sa luzerne atteinte du fléau, si le feu a épargné quelques brins du terrible parasite!

Et cependant on peut lutter contre la cuscute; on peut même s'en débarrasser et ceux qui la laissent détruire leurs luzernes ou leurs trèfles sont impardonnables. Comme la cuscute est annuelle (par bonheur!), le secret est de l'empêcher systématiquement de grainer.

Coupez le fourrage avant que les graines soient mûres, ramassez-le soigneusement et faites-le consommer à l'étable. Vous réussirez à détruire la cuscute à condition de répéter plusieurs fois l'opération.

Si les graines du parasite étaient déjà mûres ou même formées, il vaudrait mieux brûler le fourrage à la ferme, sans en rien laisser échapper.

On peut aussi employer contre la cuscute les cendres non lessivées ou le marc du raisin qu'on répand sur les taches. De même les arrosages au sel marin produisent de bons effets.

Mais n'oubliez jamais que la zone atteinte est toujours plus étendue qu'elle ne paraît à première vue. Par conséquent, étendez l'application du remède, quel qu'il soit, largement au-delà des limites apparentes du mal.

Et surtout, gardez-vous de semer vous-même la cuscute! Faites votre semence de luzerne ou de trèfle, pour être sûr de sa pureté ou, si vous êtes forcé de l'acheter, examinez-la bien et, pour peu qu'elle vous paraisse suspecte, triez-la minutieusement au tamis.

La luzerne est le plus productif des fourrages artificiels. En bonne terre profonde, elle donne jusqu'à quatre coupes par an. Verte, elle est mangée avec plaisir par tous les animaux de ferme. Mais il faut avoir soin de la couper la veille avant le coucher du soleil, de l'étendre dans la grange et de ne pas faire boire les animaux aussitôt après qu'ils l'ont mangée; sans quoi on les expose au plus dangereux des gonflements. Une pratique à recommander c'est de la mélanger avec du foin ou de la paille hachée. Sèche, la luzerne n'est plus que médiocrement appréciée des ruminants.

Les luzernières ne supportent ni irrigation, ni inondations, ni *mouilles*.

CHAPITRE V

DE LA RACE BOVINE. DES CARACTÈRES PARTICULIERS DE LA RACE TARINE. MOYENS DE LA CONSERVER ET DE L'AMÉLIORER. DES MALADIES DES BÊTES BOVINES. POLICE SANITAIRE DU BÉTAIL.

Notre arrondissement de Moûtiers a le bonheur de posséder une race bovine particulière, avantageusement connue dans plus de 15 départements, qu'on vient acheter sur place à des prix exceptionnellement favorables, qui s'acclimate à peu près partout et qui néanmoins perd ses qualités spéciales au bout de quelques générations hors de son pays d'origine, ce qui oblige les éleveurs étrangers à revenir de temps en temps se pourvoir de reproducteurs sur nos marchés : — là est notre principale richesse agricole; c'est de ce côté que doivent se porter surtout les efforts et les soins de nos cultivateurs. Il est regrettable que beaucoup d'entre eux n'aient pas encore compris ce qu'il faut faire pour tirer entièrement parti de cette situation.

Puisque les hauts prix de nos bestiaux, comparés à ceux des départements ou arrondissements voisins, tiennent essentiellement aux qualités et à la réputation de la race tarine, nos propriétaires devraient s'attacher à n'élever que cette race et à la maintenir dans un état de pureté parfaite.

Il est connu que les acheteurs du dehors n'hésitent pas à payer notablement plus cher un sujet de choix, c'est-à-dire bien conformé et présentant exactement les caractères traditionnels de la race tarine, et qu'ils délaissent au contraire les animaux dont l'aspect révèle un croisement ou une origine étrangère. Ceux-ci se trouvent ainsi exclus de la vente la plus avantageuse. Or, une bête de race pure ne coûte pas plus à nourrir qu'une de race douteuse. Aussi est-il impossible de s'expliquer, si ce n'est par une routine opiniâtre, qu'on trouve encore dans nombre de nos communes des *bâtards* évidents et même de ces animaux à robe bigarrée qui n'ont seulement pas la prétention d'appartenir à la race tarine. On comprendra encore moins que, dans certaines montagnes, on ait pour taureaux reproducteurs de ces bâtards ou de ces intrus.

Nous croyons rendre service à nos cultivateurs en indiquant ici les caractères de la race tarine pure, tels qu'ils ont été reconnus dans un congrès d'agriculteurs tenu à Moûtiers en juin 1866. Nous corrigeons seulement quelques erreurs de détail commises par le congrès et que tous nos éleveurs sont d'accord aujourd'hui à signaler :

DÉFINITION DES CARACTÈRES

DE LA RACE BOVINE DE TARENTAISE

1° Le mâle, dans la race de Tarentaise, comme cela arrive dans quelques autres races pures, diffère légèrement de la femelle par la couleur du pelage.

2° Le taureau tarin a une robe froment gris ou blaireau plus ou moins foncé, dont la teinte devient plus sombre sur l'encolure, les épaules et la partie inférieure de l'abdomen (du ventre). Le pelage gris (mélangé de poils blancs et de poils noirs) est un signe de bâtardise.

3° La femelle a la robe froment fauve plus ou moins clair avec une légère teinte noirâtre autour des yeux, aux tempes et à l'encolure.

4° A part cette différence dans la teinte de la robe des mâles et des femelles, les autres caractères se trouvent reproduits sur tous les animaux de cette race.

5° La race tarine présente, sans exception, chez tous les sujets purs, les caractères suivants : l'extrémité des cornes, les paupières, le nez, les crins, l'ouverture de l'anus, la partie inférieure du scrotum chez les mâles, la vulve chez les femelles sont noirs. Tout sujet qui n'a pas ces marques distinctives, doit être considéré comme croisé.

6° En général, les animaux de cette race ont la charpente osseuse assez développée, le corps ramassé, les jambes courtes, les jarrets larges et droits, la côte ronde, le ventre assez gros, la queue un peu relevée, l'encolure moyenne, le fanon détaché et légèrement descendu, la tête courte, les oreilles velues, le nez droit, les cornes bien posées, blanchâtres et fines à leur base, les yeux grands et doux. *Le front est toujours large et* CARRÉ. La peau, dure au toucher et garnie de poils longs et touffus à la descente des montagnes, devient souple après un séjour prolongé dans la plaine.

Nous engageons vivement nos agriculteurs à se bien pénétrer de cette définition, à n'admettre de reproducteurs que ceux qui y répondent parfaitement et à ne pas peupler leurs écuries de bétail croisé, c'est-à-dire, dans les circonstances particulières où nous sommes, de rebut.

Mais il ne suffit pas que le bétail se vende bien; il faut encore que, entre les mains du propriétaire, il soit d'un bon rapport.

Le principal produit qu'on demande aux bêtes à corne en Tarentaise, c'est le lait. Pour nous, le travail et la production de la viande ne sont qu'accessoires.

Il s'agit donc d'avoir des vaches non-seulement de race pure, mais encore bonnes laitières. A quoi les reconnaître?

On peut distinguer à première vue si une vache est bonne ou mauvaise laitière et la méthode à ce sujet a été trouvée il y a environ cinquante ans par un homme à qui l'agriculture doit une grande reconnaissance : M. François Guenon. Il est étrange que tant d'agriculteurs ne la connaissent pas encore.

Nous allons l'exposer, très en abrégé. Ceux qui voudraient en avoir une notion plus complète, devront recourir aux livres de M. Guenon lui-même, par exemple à son *Abrégé du traité des vaches laitières*. (Paris, librairie Victor Masson, 2 francs).

En se plaçant derrière une vache et en la regardant attentivement, on remarque que le poil, sur le pis et sur une partie de la peau qui recouvre l'intérieur des cuisses, est non pas descendant, comme sur le reste du corps, mais remontant.

Cette surface couverte de poil à *rebours* est ce que M. Guenon appelle l'ÉCUSSON.

L'écusson est plus ou moins grand, selon les individus. Il couvre toujours le pis et remonte quelquefois en bande simple ou double jusque sous la queue. Il a des formes très-variées et renferme ordinairement des *épis*, où le poil reprend la direction descendante. La connaissance exacte des différentes formes de l'écusson et des diverses variétés d'épis qui peuvent s'y rencontrer, serait d'une utilité sérieuse; mais nous ne pouvons faire entrer de tels développements dans ce travail.

Il nous suffira de dire que la forme la plus estimée est celle que M. Guenon appelle *flandrine*. En voici la description : L'écusson, après avoir couvert entièrement le pis, remonte en s'élargissant jusqu'au tiers environ de la distance entre le pis et la queue. Là, il déborde d'une façon très-visible en équerre ou en *corne* sur chacune des cuisses. Plus haut il se prolonge en une *bande* large de quelques centimètres qui, du milieu de l'écusson proprement dit, va rejoindre la queue en contournant la vulve à droite et à gauche.

Cette forme « flandrine » est celle que présentent nos meilleures vaches de la race de Tarentaise. Mais on la rencontre rarement parfaite. Souvent la *bande* disparaît, laissant tout au plus, comme vestiges, deux épis remontants à droite et à gauche de la vulve. Les *cornes* disparaissent aussi parfois ou débordent à peine le pli des cuisses. Enfin, certaines vaches ont, sur le pis même, deux épis de poil descendant. Lorsque le poil qui recouvre ces épis est long et rude, c'est une altération grave et un mauvais signe.

De deux vaches présentant la même forme d'écusson et donnant par conséquent à peu près la même quantité de lait, l'une peut fournir un lait très-chargé en beurre, tandis que l'autre ne donnera qu'un liquide maigre (séreux). Cela encore peut se reconnaître par la méthode Guenon. La première vache aura toujours l'intérieur et le fond des cuisses d'une couleur jaunâtre nankin, parsemée de petites taches noires ou rousses; et, si l'on gratte la peau en cet endroit, on en détachera des pellicules qui tomberont en menue poussière, comme du son. L'autre n'offrira aucun de ces deux caractères.

En résumé, plus l'écusson est large, plus il remonte, moins il contient d'épis, — plus aussi la vache donnera de lait et plus longtemps elle le conservera après chaque parturition. En d'autres termes, les propriétés laitières sont en raison directe de l'étendue de l'écusson.

Seulement, il est bon de savoir que, au moment où la vache se prépare à vêler, les dimensions de l'écusson augmentent environ d'un tiers. On se gardera donc d'apprécier les qualités qu'elle peut avoir comme laitière d'après les observations qu'on pourrait faire à ce moment.

D'autre part, la richesse du lait en beurre s'apprécie à la couleur de la peau entre les cuisses et à la facilité plus ou moins grande d'en détacher des pellicules jaunâtres.

La méthode Guenon est d'autant plus importante à connaître que l'écusson existe dès la naissance de l'animal et apparait déjà très-distinct sur un veau de huit jours. On peut donc savoir non-seulement si une vache *est* bonne laitière, mais si une génisse le *sera*. Et, comme conséquence, l'éleveur conservera les veaux femelles qui s'annoncent comme devant être d'un bon produit laitier et livrera les autres, dès les premières semaines, à la boucherie, avant qu'ils lui aient coûté des soins et causé des frais dont il ne trouverait pas la récompense dans la suite.

Mieux encore : le taureau lui aussi, comme la vache, porte l'écusson; il l'a seulement un peu moins développé. Et, chez lui de même, l'écusson large, haut et sans épis, est le signe infaillible d'une race bonne laitière, dont il transmettra les qualités à ses descendants.

On a ainsi le moyen d'obtenir, par un choix attentif des reproducteurs tant mâles que femelles, une race qui, sans perdre aucune de ses autres qualités, donnera en lait un rendement exceptionnel.

Après le choix du bétail, il n'est pas de soin plus important pour l'agriculteur que celui de conserver ses animaux en bonne santé. Quelques têtes perdues par suite de maladie absorberaient vite le bénéfice de plusieurs campagnes.

Il faut tout d'abord, ainsi que nous l'avons dit, tenir l'étable aussi propre que possible, suffisamment aérée, mais sans courants d'air, chaude en hiver, pas trop fraîche en été et convenablement éclairée.

Aux champs, ne pas exiger des animaux un travail excessif. Les tenir à l'œuvre, au plus, de la pointe du jour à 9 ou 10 heures et de 2 heures au coucher du soleil pendant les chaleurs et de 8 heures du matin à 5 ou 6 heures le reste du temps.

A la montagne, les rentrer pendant le mauvais temps sous les *halles pastorales* que nos municipalités devraient se hâter de construire partout. Exiger des bergers qu'ils ne laissent jamais pâturer le bétail avant la chute de la rosée. Bien loin de le « rafraîchir, » comme le croyaient nos pères, l'herbe mouillée par la rosée le prédispose aux maladies inflammatoires ou infectueuses.

Par dessus tout, nourrir les animaux *toute l'année* d'une manière suffisante.

Nous insistons sur ce point. Trop souvent, nos petits propriétaires, par gloriole ou par calcul mal entendu, conservent plus de vaches à l'hiverne qu'ils n'en peuvent nourrir. Il faut alors les rationner trop étroitement, tout en leur faisant manger plus de paille que de foin. Au printemps, les pauvres bêtes, épuisées et amaigries, font peine à voir.

On compte sur la belle saison pour les refaire. Sans doute, au bout de quelque temps d'inalpage, la maigreur disparait; l'embonpoint revient même souvent. Mais une partie de la saison productive s'est perdue à ce travail de réparation. En outre, toute l'année, les privations subies pendant l'hiver exerceront une influence fâcheuse sur le rendement et la qualité du lait. Les Suisses, qui sont les premiers vachers du monde, disent avec raison : « Le lait se fait en hiver. » Ils entendent par là que la vache mise au vert au printemps donne d'autant plus de lait et du lait d'autant meilleur qu'elle a été mieux nourrie en hiver.

Et puis, il ne faut pas croire que les alternatives de quasi-famine et de régime plantureux soient favorables à la santé de l'animal. Elles délabrent sa constitution et le rendent plus disposé à contracter toutes espèces de maladies. Vienne un refroidissement; vienne l'épizootie aux environs; le propriétaire paiera souvent de la perte du capital ce qu'il a mal à propos économisé sur l'entretien.

Si le bétail des environs de Bourg-Saint-Maurice est plus beau que celui des autres cantons, c'est qu'il est généralement mieux nourri en hiver. Les propriétaires de la basse Tarentaise qui ont essayé de faire de même, ont obtenu des sujets tout aussi florissants.

Du reste, chacun sait que nos vaches tarines, transportées dans les départements du centre ou du midi, y acquièrent une ampleur inconnue chez nous; que les veaux, dans ces régions étrangères, deviennent des taureaux d'une taille bien supérieure. — A quoi cela tient-il?

Ce n'est pas, comme l'a dit un auteur, que la race tarine ait besoin de quitter la Tarentaise pour atteindre tout son développement. C'est que, achetés d'habitude par des éleveurs riches et amoureux de leur bétail, les sujets exportés ne trouvent plus, dans leur pays d'adoption, la coutume fâcheuse de les faire jeûner cinq mois sur douze.

A nos bovines, il faut chaque jour, *au moins* le soixantième de leur poids en foin (5 kilos pour une vache de 300). Au-dessous, elles dépérissent. Et si on veut que la production de lait ne souffre pas dans la suite, que le prochain veau soit de belle venue, il faut souvent porter cette ration journalière au double. A épargner là-dessus, on ne gagne rien, tout au contraire.

Mais, malgré tous les soins, dans un pays comme le nôtre, où le bétail passe près de la moitié de l'année en plein air, on ne peut se flatter de le soustraire entièrement aux maladies.

Il est donc le cas de parler de celles qui frappent d'habitude les bêtes bovines.

Nous nous occuperons tout d'abord de la PÉRIPNEUMONIE CONTAGIEUSE ou gangréneuse, parce que c'est elle qui cause le plus de pertes à nos cultivateurs.

Les causes directes ou primitives de cette maladie sont encore mal déterminées. Elle paraît cependant atteindre de préférence, *à l'origine*, les bêtes qui ont été renfermées longtemps dans des écuries malsaines. Les alternatives brusques de froid et de chaud y prédisposent. Les bovines abreuvées à des eaux glacées s'y montrent particulièrement sujettes.

Une fois que le mal a éclaté dans une écurie ou

sur un troupeau, il se propage par contagion et les sujets même les plus sains peuvent en être atteints.

Les premiers signes sont la tristesse, la diminution de l'appétit, la rumination irrégulière, la sécheresse du mufle, l'injection des yeux, l'inégalité de la respiration, la sensibilité extrême dans la région de l'épine dorsale, la sécheresse de la peau, le redressement des poils, etc.

La première mesure à prendre est l'isolement immédiat et complet de l'individu atteint. La loi du 21 juillet 1881 fait une obligation au propriétaire ou pâtre d'avertir sur le champ l'autorité municipale qui, à son tour, doit appeler immédiatement un vétérinaire. Du reste, les personnes qui ont la garde de l'animal feront bien, pour gagner du temps, d'avertir elles-mêmes l'homme de l'art, en même temps que l'autorité municipale.

Le vétérinaire peut seul déterminer avec certitude la nature de la maladie. Si l'animal est mort à son arrivée, l'examen du cadavre lui fournira encore des indications d'une sûreté parfaite.

Nous ne nous arrêterons pas à donner ici le traitement qui pourrait être appliqué dans le cas de péripneumonie gangréneuse constatée. D'abord, c'est l'affaire du vétérinaire, ensuite, d'après la législation actuelle, il ne s'agit pas de chercher à guérir les bêtes malades, il faut les abattre sans rémission. L'Etat indemnise le propriétaire de la moitié de la perte.

Le préfet a le droit, en vertu de la loi de 1881, d'ordonner que, dans les localités infectées, tous les animaux de l'espèce bovine seront *inoculés*, c'est-à-dire soumis à une vaccination spéciale destinée à les préserver de la maladie. Les propriétaires eux-mêmes auraient intérêt, d'une manière générale, à faire inoculer leurs animaux. Cette opération a déjà été pratiquée maintes fois avec un plein succès, dans notre arrondissement, par le vétérinaire de l'administration.

Après la péripneumonie gangréneuse, il n'est pas de maladie qui fasse, chaque année, autant de ravages parmi nos bovines que le CHARBON et les fièvres charbonneuses.

Ce fléau s'attaque particulièrement aux animaux épuisés par un travail excessif ou par une nourriture insuffisante. Les fourrages avariés (moisis ou corrompus) peuvent déterminer les fièvres charbonneuses, ainsi que le passage subit d'un régime de privations à une alimentation trop abondante ou trop substantielle. Rien n'y dispose plus que le pâturage dans l'herbe mouillée de rosée.

Une autre cause, connue depuis peu, produit aussi le charbon en dépit de toutes les précautions hygiéniques. Il est certain aujourd'hui que les herbivores de toute espèce contractent souvent cette maladie rien qu'en broutant l'herbe qui a poussé sur la fosse d'un animal charbonneux, celui-ci fût-il enterré depuis plusieurs années. De là vient que certaines montagnes sont en quelque sorte vouées au charbon et le voient apparaître presque tous les ans, sans qu'on en ait trouvé jusqu'ici d'explication plausible à ce fait. Comme conséquence, il faut enfouir les bêtes périe à une grande profondeur ou, mieux encore, dans les endroits qui ne sont jamais pâturés par le bétail et recouvrir les cadavres avec de la chaux vive.

Les premiers symptômes du charbon ou des fièvres charbonneuses ne diffèrent pas beaucoup de ceux de la péripneumonie contagieuse. Ici encore, il faut sur le champ avertir l'autorité municipale et appeler le vétérinaire. En même temps, on isolera complètement l'animal malade.

En effet, bien que le charbon ne se propage pas par contagion directe, il peut être transporté d'un animal à l'autre par la piqure des mouches. Aussi devra-t-on renfermer le malade dans un local où, autant que possible, ces insectes n'entrent pas, et tenir ce local dans une demi-obscurité.

La loi de 1881 ordonne l'abattage immédiat des animaux reconnus atteints du charbon toutes les fois que le vétérinaire appelé juge leur maladie incurable. Le propriétaire n'a droit à aucune indemnité.

Il est, pour le charbon comme pour la péripneumonie contagieuse, un vaccin spécial récemment découvert. La loi n'impose dans aucun cas au propriétaire l'obligation de le faire inoculer à ses animaux; mais il n'en sera pas moins prudent, dans certains pâturages, d'user de ce moyen préservatif.

Toute étable où ont séjourné des animaux atteints soit de péripneumonie contagieuse, soit de charbon, doit être désinfectée soigneusement, ainsi que les objets qui ont été en contact avec eux, de quelque manière que ce soit.

Parmi les maladies contagieuses, nous devons

encore citer la PESTE BOVINE, plus redoutable même que les précédentes, mais dont nous ne nous occuperons pas spécialement parce que ses apparitions sont très-rares et donnent lieu chaque fois à des publications administratives indiquant toutes les mesures à prendre. Du reste, les règles exposées plus haut à propos de la péripneumonie contagieuse s'appliquent exactement à la peste bovine.

En dehors des maladies contagieuses ou épizootiques, le bétail est sujet à un grand nombre d'autres dans le détail desquels il nous est impossible d'entrer. La plus fréquente chez nous est la *phtisie pulmonaire*, laquelle provient presque toujours d'épuisement ou de refroidissements. Nous laissons au vétérinaire le soin de la distinguer de la péripneumonie contagieuse, avec laquelle elle peut être confondue au début, et d'indiquer le traitement qui y est applicable.

Nous avons déjà cité à plusieurs reprises la loi du 21 juillet 1881. Nous croyons devoir en reproduire ici les principaux articles. C'est elle, en effet, qui règle seule aujourd'hui (toutes les lois antérieures sur la matière ayant été abrogées) la police sanitaire du bétail.

Cette loi dispose que :

ART. 3. Tout propriétaire, toute personne ayant, à quelque titre que ce soit, la charge des soins ou la garde d'un animal atteint ou soupçonné d'être atteint d'une maladie contagieuse, ... est tenu d'en faire, sur le champ, la déclaration au Maire de la commune où se trouve cet animal.

Sont tenus également de faire cette déclaration tous les vétérinaires qui seraient appelés à le soigner.

L'animal atteint ou soupçonné d'être atteint de l'une des maladies spécifiées dans l'art 1er devra être immédiatement, et avant même que l'autorité administrative ait répondu à l'avertissement, séquestré, séparé et maintenu isolé autant que possible des autres animaux susceptibles de contracter cette maladie.

Il est interdit de le transporter avant que le vétérinaire délégué par l'administration l'ait examiné. La même interdiction est applicable à l'enfouissement, à moins que le Maire, en cas d'urgence, n'en ait donné l'autorisation spéciale.

Art. 4. Le Maire devra, dès qu'il aura été prévenu, s'assurer de l'accomplissement des prescriptions contenues dans l'article précédent et y pourvoir d'office, s'il y a lieu.

Aussitôt que la déclaration prescrite par le paragraphe 1er de l'article précédent a été faite, ou, à défaut de déclaration, dès qu'il a connaissance de la maladie, le Maire fait procéder sans retard à la visite de l'animal malade ou suspect par le vétérinaire chargé de ce service.

Ce vétérinaire constate et, au besoin, prescrit la complète exécution des dispositions du troisième alinéa de l'article 3 et les mesures de désinfection immédiatement nécessaires.

Dans le plus bref délai, il adresse son rapport au Préfet.

Art. 5. Après la constatation de la maladie, le Préfet statue sur les mesures à mettre à exécution dans le cas particulier.

Il prend, s'il est nécessaire, un arrêté portant déclaration d'infection.

Cette déclaration peut entraîner dans les localités qu'elle détermine l'application des mesures suivantes :

1° L'isolement, la séquestration, la visite, le recensement et la marque des animaux et troupeaux dans les localités infectées;

2° L'interdiction de ces localités;

3° L'interdiction momentanée ou la réglementation des foires et marchés, du transport et de la circulation du bétail;

4° La désinfection des écuries, étables, voitures ou autres moyens de transport, la désinfection ou même la destruction des objets à l'usage des animaux malades ou qui ont été souillés par eux, et généralement des objets quelconques pouvant servir de véhicules à la contagion.

Art. 9. Dans le cas de péripneumonie contagieuse, le Préfet devra ordonner l'abattage, dans le délai de deux jours, des animaux reconnus atteints de cette maladie par le vétérinaire délégué, et l'inoculation des animaux d'espèce bovine, dans les localités déclarées infectées de cette maladie.

Le ministre de l'agriculture aura le droit d'ordonner l'abattage des animaux d'espèce bovine ayant été dans la même étable ou dans le même troupeau, ou en contact avec des animaux atteints de péripneumonie contagieuse.

Art 13. La vente ou la mise en vente des animaux atteints ou soupçonnés d'être atteints de maladie contagieuse est interdite.

Le propriétaire ne peut s'en dessaisir que dans les conditions déterminées par le règlement d'administration publique prévu à l'article 5.

Ce règlement fixera, pour chaque espèce d'animaux et de maladies, le temps pendant lequel l'interdiction de vente s'appliquera aux animaux qui ont été exposés à la contagion.

Art. 14. La chair des animaux morts de maladies contagieuses, quelles qu'elles soient, ou abattus comme atteints de la peste bovine, de la morve, du farcin, du charbon et de la rage, ne peut être livrée à la consommation.

Les cadavres ou débris des animaux morts de la peste bovine et du charbon, ou ayant été abattus comme atteints de ces maladies, devront être enfouis avec la peau tailladée, à moins qu'ils ne soient envoyés à un atelier d'équarissage régulièrement autorisé.

Les conditions dans lesquelles devront être exécutés le transport, l'enfouissement ou la destruction des cadavres, seront déterminés par le règlement d'administration publique prévu à l'article 5.

Art. 16. Tout entrepreneur de transport par terre ou par eau qui aura transporté des bestiaux devra, en tout temps, désinfecter, dans les conditions prescrites par le règlement d'administration publique, les véhicules qui auront servi à cet usage.

Art. 17..... Il est alloué aux propriétaires d'animaux abattus pour cause de péripneumonie contagieuse ou morts par suite de l'inoculation en vertu de l'article 9, une indemnité ainsi réglée :

La moitié de leur valeur avant la maladie, s'ils en sont reconnus atteints;

Les trois quarts, s'ils ont seulement été contaminés;

La totalité, s'ils sont morts des suites de l'inoculation de la péripneumonie contagieuse.

L'indemnité à accorder ne peut dépasser la somme de quatre cents francs pour la moitié de la valeur de l'animal, celle de six cents francs pour la totalité de sa valeur.

Art. 18. Il n'est alloué aucune indemnité aux propriétaires d'animaux importés des pays étrangers abattus pour cause de péripneumonie contagieuse dans les trois mois qui ont suivi leur introduction en France.

Art. 19. Lorsque l'emploi des débris d'un animal abattu pour cause de peste bovine ou de péripneumonie contagieuse a été autorisé pour la consommation ou un usage industriel, le propriétaire est tenu de déclarer le produit de la vente de ces débris.

Ce produit appartient au propriétaire; s'il est supérieur à la portion de la valeur laissée à sa charge, l'indemnité due par l'Etat est réduite de l'excédant.

Art. 20. Avant l'exécution de l'ordre d'abattage, il est procédé à une évaluation des animaux par le vétérinaire délégué et un expert désigné par la partie.

A défaut, par la partie, de désigner un expert, le vétérinaire délégué opère seul.

Il est dressé un procès-verbal de l'expertise; le Maire et le Juge de Paix le contresignent et donnent leur avis.

Art. 21. La demande d'indemnité doit être adressée au ministre de l'agriculture et du commerce dans le délai de trois mois à dater du jour de l'abattage, sous peine de déchéance.

Le ministre peut ordonner la révision des évaluations faites en vertu de l'article 20, par une commission dont il désigne les membres.

L'indemnité est fixée par le ministre, sauf recours au Conseil d'Etat.

Art. 30. Toute infraction aux dispositions des articles 3, 5, 6, 9, 10, 11 (paragraphe 2) et 12 de la présente loi, sera punie d'un emprisonnement de six jours à deux mois et d'une amende de seize à quatre cents francs.

Art. 31. Seront punis d'un emprisonnement de deux mois à six mois et d'une amende de cent à mille francs :

1° Ceux qui, au mépris des défenses de l'administration, auront laissé leurs animaux infectés communiquer avec d'autres;

2° Ceux qui auraient vendu ou mis en vente des animaux qu'ils savaient atteints ou soupçonnés d'être atteints de maladies contagieuses;

3° Ceux qui, sans permission de l'autorité, auront déterré ou sciemment acheté des cadavres ou débris des animaux morts de maladies contagieuses, quelles qu'elles soient, ou abattus comme atteints de la peste bovine, du charbon, de la morve, du farcin et de la rage;

4° Ceux qui, même avant l'arrêté d'interdiction, auront importé en France des animaux qu'ils savaient atteints de maladies contagieuses ou avoir été exposés à la contagion.

Art. 32. Seront punis d'un emprisonnement de six mois à trois ans et d'une amende de cent francs à deux mille francs :

1° Ceux qui auront vendu ou mis en vente de la viande provenant d'animaux qu'ils savaient morts de maladies contagieuses, quelles qu'elles soient, ou abattus comme atteints de la peste bovine, du charbon, de la morve, du farcin et de la rage;

2° Ceux qui se seront rendus coupables des délits prévus par les articles précédents, s'il est résulté de ces délits une contagion parmi les autres animaux.

Art. 33. Tout entrepreneur de transport qui aura contrevenu à l'obligation de désinfecter son matériel sera passible d'une amende de cent francs à mille francs.

Il sera puni d'un emprisonnement de six jours à deux mois s'il est résulté de cette infraction une contagion parmi les autres animaux.

Art. 34. Toute infraction aux dispositions de la présente loi non spécifiée dans les articles ci-dessus sera punie de 16 francs à quatre cents francs d'amende.

Art. 35. Si la condamnation pour infraction à l'une des dispositions de la présente loi remonte à moins d'une année, ou si cette infraction a été commise par des vétérinaires délégués, des gardes champêtres, des gardes forestiers, des officiers de police, à quelque titre que ce soit, les peines peuvent être portées au double du maximum fixé par les précédents articles.

Art. 37. Les frais d'abattage, d'enfouissement, de transport, de quarantaine, de désinfection, ainsi que tous autres frais auxquels peut donner lieu l'exécution des mesures prescrites en vertu de la présente loi, sont à la charge des propriétaires ou conducteurs d'animaux.

En cas de refus des propriétaires ou conducteurs d'animaux de se conformer aux injonctions de l'autorité administrative, il y est pourvu d'office à leur compte.

Les frais de ces opérations seront recouvrés sur un état dressé par le Maire et rendus exécutoires par le Sous-Préfet. Les oppositions seront portées devant le Juge de Paix.

CHAPITRE VI

DES AUTRES ANIMAUX DE FERME ET SPÉCIALEMENT DES ESPÈCES CHEVALINE ET OVINE.

Notre arrondissement n'élève ni chevaux ni ânes. Les quelques chevaux que nos cultivateurs emploient, sont achetés un peu partout; les ânes viennent généralement d'Italie.

Comme conséquence, les mulets, dont l'usage est si fréquent dans presque toutes nos communes, sont également importés. Quelques-uns s'achètent tout jeunes dans la Haute-Savoie; le reste nous vient, à l'état adulte, des arrondissements voisins.

L'hygiène des animaux de race chevaline et asine (solipèdes) est la même que celle des animaux de race bovine.

Ils peuvent contracter le charbon comme eux (voir plus haut). Ils sont en outre sujets à une maladie particulière : la morve.

Celle-ci paraît ne jamais se produire d'elle-même dans notre arrondissement. Toutes les fois qu'on l'a observée, elle venait du dehors. Cette maladie est contagieuse et incurable. C'est dire qu'il faut abattre sans retard les animaux atteints et ne pas les soumettre à un traitement inutile pour eux-mêmes, dangereux pour les autres solipèdes et pour les hommes qui les soignent.

La loi du 21 juillet 1881 dit, du reste.

Art. 8. Dans le cas de morve constatée..... les animaux doivent être abattus sur ordre du Maire.

Quand il y a contestation sur la nature..... de la maladie entre le vétérinaire délégué et le vétérinaire que le propriétaire aurait fait appeler, le préfet désigne un troisième vétérinaire, conformément au rapport duquel il est statué.

Il n'est dû aucune indemnité aux propriétaires des animaux abattus. Les écuries et les objets qui ont été en contact avec les animaux malades doivent être désinfectés. La chair ne peut être livrée à la consommation (art. 14). Les cadavres doivent être enfouis avec la peau tailladée (ibid).

L'ancienne race ovine du pays n'existe pour ainsi dire plus en Tarentaise. Elle était très-semblable à celle de la vallée d'Aoste, petite, à laine grossière, très-rustique et s'engraissant assez bien.

Elle a été généralement remplacée par une race de métis mérinos dans la haute vallée de l'Isère (cantons d'Aime et de Bourg-Saint-Maurice) et par la race à museau noir ou de Marthod dans les cantons de Moûtiers et de Bozel.

Les métis mérinos paraissent résulter d'un croisement entre l'ancienne race et un troupeau de 200 moutons mérinos qui a été importé dans le pays, vers le commencement de ce siècle, par les propriétaires de la fabrique de drap située entre Bourg-

Saint-Maurice et Séez. Ils ont beaucoup de laine et une laine très-fine. Au point de vue de la production de la viande, ils donnent passablement de poids, mais la qualité est un peu inférieure. C'est en somme une race avantageuse et très-bien appropriée aux localités qu'elle habite. On ne peut que conseiller aux éleveurs de l'améliorer par le choix intelligent des mâles reproducteurs. En employant seulement les plus forts de taille et ceux qui ont la laine à la fois la mieux fournie et la plus fine, on obtiendrait en peu de temps des produits notablement supérieurs.

La race à museau noir, ou de Marthod, nous vient de l'arrondissement d'Albertville où on la trouve en grand nombre et très-pure. On la reconnait à ce qu'elle a invariablement le museau, le tour des yeux, le bout des oreilles et souvent le bout des pattes noir foncé. Le reste du corps est blanc. C'est une race extrêmement rustique et sobre; elle s'engraisse facilement et pour ainsi dire de rien. La production de laine est médiocre; mais la chair est de qualité tout à fait supérieure, égale pour le moins à celle des Charollais. Les éleveurs feront bien de veiller à la maintenir pure et de se pourvoir au besoin de reproducteurs dans son pays d'origine, l'arrondissement d'Albertville.

Le métis mérino paraît convenir mieux aux montagnes proprement dites et le museau noir aux localités relativement basses et unies.

Le mouton est sujet à diverses maladies spéciales.

D'abord la gale (la race métisse en est plus souvent atteinte) qui résulte de la malpropreté pendant l'hiver. Il est facile d'éviter cette maladie en tenant les animaux propres. Pour la guérir, rien ne vaut le lavage au pétrole.

Puis la clavelée, maladie extrêmement contagieuse, dont la cause primitive est malheureusement inconnue. Dès qu'elle s'est manifestée sur un troupeau, il faut tenir les animaux atteints dans une atmosphère chaude, pour favoriser la sortie normale des boutons. Se bien pénétrer de cette idée que la clavelée chez le mouton est analogue à la variole ou petite vérole chez l'homme. Il en résulte que le mouton, lui aussi, peut être préservé du mal par l'inoculation (ou vaccination).

D'après la loi du 21 juillet 1881, art. 11, le préfet peut ordonner la clavelisation (inoculation) des troupeaux infectés. Les prescriptions générales relatives aux épizooties s'appliquent à la clavelée.

L'espèce ovine est enfin sujette à la fièvre aphteuse ou cocotte, qu'on appelle encore vulgairement « mal des pieds et de la langue. » La cause première de cette maladie, très-contagieuse elle aussi, est également inconnue. On peut recommander comme hygiène de tenir les animaux propres et de leur donner une bonne nourriture.

Comme traitement, on applique beaucoup maintenant les lotions à l'acide phénique fortement étendu d'eau.

Parmi les autres animaux qu'on rencontre dans les exploitations rurales, nous n'avons rien à dire de particulier de la chèvre. Cet animal, essentiellement rustique, n'est sujet qu'aux maladies galeuses, qu'on évite par des soins de propreté et qu'on guérit par des lotions de pétrole.

Les porcs sont généralement, chez nous, importés du dehors. Il y aurait peut-être avantage à les élever dans le pays et à s'affranchir ainsi d'un tribut sérieux payé aux régions voisines. On pourrait recommander aussi à nos agriculteurs l'essai des races blanches (anglo-chinoises) à oreilles droites, dont la chair est moins fine que celle des races noires, mais qui sont bien plus robustes.

Surtout, il faudrait pouvoir persuader à tous nos propriétaires de construire des huttes à cochon pour faire cesser l'habitation commune, dans leurs étables, des porcs avec les autres animaux. Le porc dégage une infection spéciale essentiellement nuisible à la santé de ses voisins d'autres espèces.

L'élève des animaux de basse-cour est presque nulle chez nous et ne pourra jamais devenir importante. En effet, l'arrondissement ne produit pas assez de céréales pour sa consommation et est obligé chaque année d'en acheter au dehors. Or, l'entretien des animaux de basse-cour ne peut se faire sur une échelle un peu vaste qu'avec des céréales en superflu.

Cependant il serait possible de donner un peu plus de développement à cette branche de l'industrie agricole en utilisant soigneusement les débris et déchets de toute sorte qui se rencontrent dans une ferme. On trouverait là une ressource précieuse pour l'alimentation et un revenu qui ne serait pas à dédaigner.

FIN

Rédigé par

Emile PAUCHARD,
Sous-Préfet,
OFFICIER D'ACADÉMIE,
PRÉSIDENT D'HONNEUR DU COMICE AGRICOLE
DE MOUTIERS.

Le présent traité adopté par le Comice agricole de l'arrondissement de Moûtiers dans son assemblée du 24 octobre 1881.

Publication autorisée par M. le Préfet de la Savoie, en date du 30 décembre 1881.

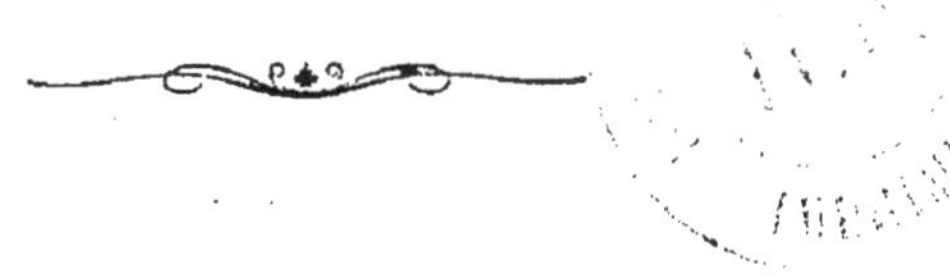

MOUTIERS — TYPOGRAPHIE F. DUCLOZ

www.ingramcontent.com/pod-product-compliance
Ingram Content Group UK Ltd.
Pitfield, Milton Keynes, MK11 3LW, UK
UKHW012104240726
13965UKWH00004B/1519